VIJAYA KUMAR B
AMRUTHA P
SREENIVASAN G

ANÁLISE COMPARATIVA DE CONTROLADORES LÓGICOS FUZZY COM ANFIS

VIJAYA KUMAR B
AMRUTHA P
SREENIVASAN G

ANÁLISE COMPARATIVA DE CONTROLADORES LÓGICOS FUZZY COM ANFIS

ScienciaScripts

Cover image: www.ingimage.com

This book is a translation from the original published under ISBN 978-620-6-77097-8.

Publisher:
Sciencia Scripts
is a trademark of
Dodo Books Indian Ocean Ltd. and OmniScriptum S.R.L publishing group

120 High Road, East Finchley, London, N2 9ED, United Kingdom
Str. Armeneasca 28/1, office 1, Chisinau MD-2012, Republic of Moldova, Europe
Printed at: see last page
ISBN: 978-620-7-86129-3

Conteúdo

RECONHECIMENTO

Gostaria de agradecer aos meus pais, **Sri B. Hanumanna e Smt. B. Devadanamma.** O meu pai é a única razão que me levou a ser professor. O seu encorajamento para prosseguir as mais elevadas qualificações num país e numa sociedade é admirável. As orações da minha mãe ajudaram-me em muitos aspectos da minha vida. O seu forte sistema de valores e a sua crença no Todo-Poderoso e nos seus caminhos são os alicerces sobre os quais assenta a minha vida e têm sido a razão pela qual consegui ultrapassar todos os obstáculos com facilidade. Em suma, o amor incondicional dos meus pais tem sido a força motriz da minha vida. Sem eles, não existo e, por isso, são a razão do meu sucesso em todos os empreendimentos. Por último, agradeço à minha mulher

A minha gratidão extensiva e sincera à **M/s. SCHOLARS' PRESS,** PUBLISHERS.

Agradeço a Deus por me ter dado todas estas jóias na minha vida.

Sr. B VIJAY KUMAR

PREFÁCIO

A conceção de filtros de potência fiáveis que atenuem os harmónicos de corrente e tensão para satisfazer os requisitos de qualidade de energia da rede eléctrica é um requisito importante dos sistemas de energia actuais. Neste relatório, é discutida uma abordagem sistemática detalhada para a conceção de um filtro ativo de potência em derivação (SAPF) para melhorar a qualidade da energia. É adotado um controlador Fuzzy Logic para regular a tensão do elo CC. A teoria da potência reactiva instantânea é utilizada para a extração da corrente de referência. O controlo de corrente por histerese é utilizado para obter os impulsos de porta que controlam os interruptores do inversor de fonte de tensão (VSI). O SAPF detalhado é desenvolvido e simulado para cargas não lineares equilibradas e cargas não lineares desequilibradas utilizando o MATLAB/Simulink. Aqui, o sistema proposto foi simulado utilizando o software MATLAB e os resultados demonstram a corrente de fonte livre de harmónicas.

Os controladores FUZZY e ANFIS são comparados para a compensação de potência reactiva, tensão da ligação dc e THD da corrente da fonte. A THD melhorou muito com a utilização do ANFIS, assegurando o bom funcionamento do filtro ativo em derivação, o que resulta numa melhoria da qualidade da energia. Os resultados da simulação indicam que o filtro proposto pode minimizar a distorção harmónica para um nível inferior ao estabelecido pelas normas do Institute of Electrical and Electronics Engineers (IEEE).

CAPÍTULO 1

INTRODUÇÃO

O sistema de energia eléctrica é considerado como sendo constituído por três blocos funcionais: transmissão, produção e distribuição. A geração de harmónicas por cargas não lineares, como conversores de potência comutáveis e variadores de velocidade ajustáveis, bem como outras cargas desequilibradas nas redes de distribuição, deterioram a qualidade da energia nos sistemas de transmissão e distribuição de energia. As cargas não lineares aumentam as perdas e produzem distorção harmónica na rede. A distorção harmónica nos sistemas de distribuição de baixa tensão é responsável por perdas de energia, aquecimento de dispositivos eléctricos, falhas de isolamento, problemas de interferência nos sistemas de comunicação e, no pior dos casos, pela falha do sistema de energia eléctrica. Por conseguinte, a necessidade de eliminar os problemas de qualidade da energia tornou-se uma questão importante tanto para a empresa de eletricidade como para o cliente.

Devido ao aumento da utilização de dispositivos electrónicos de potência que actuam como cargas não lineares, a qualidade da energia do sistema é afetada. As harmónicas são criadas por cargas não lineares que consomem a corrente de forma abrupta e curta em vez de sinusoidal. A harmónica é um componente sinusoidal de uma onda ou quantidade periódica que tem uma frequência que é um múltiplo integral da frequência fundamental. A melhor solução para reduzir os harmónicos são os filtros. É obrigatório controlar os filtros que estão ligados ao sistema para que possam criar as características de resposta desejadas. Os filtros são classificados como filtros activos e passivos. No filtro passivo, um banco de filtros LC sintonizados é ligado em paralelo com a carga para resolver problemas de poluição harmónica. Os filtros passivos são concebidos apenas para uma determinada frequência, pelo que não são capazes de compensar a variação aleatória das harmónicas e terão mais ressonância nos pontos de acoplamento comum. Podem criar efeitos adversos quando estão disponíveis condensadores para correção do fator de potência. Os elementos necessários para a conceção dos filtros passivos são mais volumosos. O outro tipo de filtros, os filtros activos de potência, pode ainda ser classificado em filtro ativo de potência em derivação (SAPF) e filtro ativo de potência em série.

Atualmente, os filtros activos shunt são amplamente utilizados em aplicações comerciais. Os controladores concebidos para estes filtros determinam a corrente de referência de compensação necessária e geram os correspondentes sinais de gating.

O SAPF tem a capacidade de compensar a corrente harmónica de cargas não lineares seleccionadas e acompanhará continuamente as alterações no seu conteúdo harmónico.

Como consequência, a má qualidade da energia causa vários problemas tanto na rede eléctrica como no equipamento ligado. Esta distorção harmónica pode ser atenuada utilizando filtros passivos. No entanto, a utilização da compensação tradicional com baterias de condensadores e filtros passivos produz a propagação de harmónicas e a amplificação da tensão harmónica, devido à possível ressonância entre a indutância da linha e os condensadores shunt. Assim, os filtros passivos nem sempre podem oferecer uma solução de compensação completa.

A solução para o problema acima referido consiste em desenvolver um filtro passivo paralelo que possa ser sintonizado para uma determinada frequência harmónica. A utilização de filtros L-C passivos tem mais desvantagens devido às suas grandes dimensões, à ressonância em série e/ou em paralelo, à impedância da fonte que afecta as características de filtragem, à sobrecarga dos filtros devido às correntes harmónicas de elevado grau e à necessidade de mais filtros para a compensação, uma vez que um filtro só pode compensar uma frequência específica. O controlador PI requer modelos matemáticos lineares precisos, que são difíceis de obter e não funcionam satisfatoriamente sob variações de parâmetros, não linearidade, perturbações da carga, etc.

Recentemente, os controladores lógicos difusos (FLC) têm suscitado um grande interesse em determinadas aplicações. As vantagens dos controladores lógicos difusos em relação aos controladores convencionais são o facto de não necessitarem de um modelo matemático exato e de poderem trabalhar com um custo mais elevado dos filtros. Este trabalho foi realizado com o objetivo de resolver o problema da qualidade da energia através da conceção de um filtro ativo de potência adequado. Estes filtros eliminam os harmónicos de corrente, os harmónicos de tensão, melhorando o fator de potência, e anulam os componentes de sequência negativa e zero.

Podem trabalhar com entradas imprecisas, podem lidar com a linearidade do leão e são mais robustos do que os controladores não lineares convencionais. entradas imprecisas, podem lidar com a linearidade do leão e são mais robustos do que os controladores não lineares convencionais.

Um filtro ativo de potência shunt controlado por lógica difusa para a compensação de harmónicos e de potência reactiva de uma carga não linear. O esquema de controlo baseia-se apenas na deteção de correntes de linha; uma abordagem diferente das convencionais, que se baseiam na deteção de harmónicos e requisitos de volt-ampere reactivos da carga não linear. As correntes/tensões trifásicas são detectadas utilizando apenas dois sensores de corrente/tensão. A tensão do condensador CC é regulada para estimar o modelo de corrente de referência. O papel do condensador DC é descrito para estimar a corrente de referência. É descrito um critério de conceção para a seleção dos componentes do circuito de potência. É desenvolvido um esquema de controlo baseado na lógica difusa c comparado com um controlador PI convencional.

Existem três tipos de filtros activos de potência: filtro ativo em derivação, filtro ativo em série e filtros híbridos. Neste documento, é apresentado um estudo pormenorizado do filtro ativo de potência em derivação trifásico (SAPF), que compensa os harmónicos de corrente injectando correntes de compensação que são iguais mas opostas em fase. Quando as tensões de alimentação são equilibradas (ideais) e desequilibradas (não ideais), a lógica difusa fornece bons resultados. No trabalho proposto, é utilizado o controlador híbrido "ANFIS", que dá melhores resultados em comparação com o controlador lógico difuso. O trabalho proposto é implementado em MATLAB/SIMULINK.

CAPÍTULO 2

REVISÃO DA LITERATURA

Neste projeto, é apresentada a seguir uma breve revisão da literatura relacionada com o trabalho proposto

Monteiro, F.; Monteiro, S.; Tostes, M.; Bezerra, U[1] , Medições de Corrente RMS Verdadeira para Estimar os Impactos Harmónicos de Múltiplas Cargas Não Lineares em Redes de Distribuição Eléctrica. A literatura recomenda a realização de campanhas de medição simultâneas e sincronizadas em todos os pontos suspeitos com a utilização de analisadores de qualidade de energia de elevado custo que, normalmente, não estão disponíveis nas instalações dos clientes e, muitas vezes, também não nas empresas de eletricidade. Para ultrapassar este inconveniente, este artigo propõe um método de avaliação do impacto harmónico devido a múltiplas cargas não lineares na distorção harmónica da tensão total, utilizando apenas os valores RMS reais da corrente de carga, que já estão disponíveis nas instalações de todos os clientes.

Nikum, K.; Saxena, R.; Wagh[2] ,A. Efeito na qualidade da energia por grande penetração de carga não linear doméstica. In Proceedings of the 2016 IEEE 1st International Conference on Power Electronics, Intelligent Control and Energy Systems. Para ultrapassar este inconveniente, este documento propõe um método de avaliação do impacto harmónico devido a múltiplas cargas não lineares na distorção harmónica da tensão total utilizando apenas os valores RMS reais da corrente de carga que já estão disponíveis nas instalações de todos os clientes. A metodologia proposta baseia-se na técnica de Árvore de Regressão utilizando o indicador de Importância de Permutação que é validado em dois estudos de caso utilizando dois sistemas eléctricos diferentes. O primeiro estudo de caso consiste em ratificar a utilização da Importância de Permutação para medir o fator de impacto de cada carga não linear num cenário controlado, o sistema de teste do barramento IEEE-13, utilizando a simulação ATP (Alternative Transient Program). O segundo é a aplicação da metodologia em um sistema real, um Sistema de Infraestrutura de Medição Avançada (AMI) implantado em um campus de uma universidade brasileira, utilizando medidores de baixo custo com apenas medições de corrente RMS verdadeira.

519-1992 1993[3], Práticas e requisitos recomendados pelo IEEE para o controlo de harmónicas em sistemas de energia eléctrica. Este guia aplica-se a todos os tipos de conversores estáticos de potência utilizados em sistemas eléctricos industriais e comerciais. São abordados os problemas envolvidos no controlo de harmónicas e na compensação reactiva desses conversores e é fornecido um guia de aplicação. São recomendados os limites das perturbações no sistema de distribuição de energia eléctrica CA que afectam outros equipamentos e comunicações. Este guia não se destina a cobrir o efeito da interferência de radiofrequência.

Hoon, Y.; Radzi, M.; Amran, M.; Hassan, M.K.; Mailah, [4] Algoritmos de controlo do filtro ativo de potência em derivação para mitigação de harmónicos. Os limites da distorção harmónica total (THD) são especificados nesta norma para não excederem 5%. Assim, para cumprir o limite de 5%, são utilizados filtros de potência. Os harmónicos de corrente são um dos problemas de qualidade de energia mais significativos que têm atraído um enorme interesse de investigação. O filtro ativo de potência (SAPF) é a melhor solução para minimizar a contaminação harmónica, mas a sua eficácia depende estritamente da rapidez e da precisão dos algoritmos de controlo. Este artigo analisa vários tipos de algoritmos de controlo existentes que têm sido utilizados para controlar o funcionamento do SAPF. São examinados e discutidos os algoritmos de extração de harmónicas, de regulação da tensão do condensador do elo CC, de controlo da corrente e do sincronizador.

Anzalchi, A.; Moghaddami, M.; Moghaddasi, A.; Sarwat, A.I.; Rathore, A.K[5]. Uma nova topologia de filtros de potência de ordem superior para inversores de tensão monofásicos ligados à rede revela que os filtros de potência são tecnologias disponíveis de forma eficiente que são amplamente utilizadas para eliminar a propagação de distorção harmónica.

Convencionalmente, os filtros de potência passivos em série e em derivação são ligados à rede de distribuição para melhorar a qualidade da energia. A fim de reduzir a influência das correntes e tensões harmónicas da rede, a compensação harmónica é regularmente implementada num inversor ligado à rede.

Srivastava, G.D.; Kulkarni[6], Conceção, simulação e análise de um filtro ativo de potência em derivação utilizando uma topologia de potência reactiva instantânea. E conceber um filtro de potência passivo que possa eliminar eficazmente a distorção harmónica da corrente em cargas industriais não lineares ligadas a uma fonte de alimentação rígida. Além disso, o filtro passivo está associado a inconvenientes inerentes, tais como o seu enorme tamanho, a ressonância com a impedância da carga ou a impedância da rede eléctrica.

Ali, I.; Sharma, V.; Kumar[7], comparação de diferentes técnicas de controlo para filtros activos de potência para eliminação de harmónicas e melhoria da qualidade da energia.

Sundaram, E.; Venugopal, M. [8], Os resultados experimentais e os resultados simulados provam que a Distorção Harmónica Total (THD), a potência reactiva e o fator de potência do SAPF trifásico de três níveis são bastante satisfatórios com cargas desequilibradas e não lineares e estão em conformidade com as normas IEEE.

Sakthivel, A.; Vijayakumar, P.; Senthilkumar, A.; Lakshminarasimman, L.; Paramasivam, [9], Os filtros activos de potência (APFs) tornaram-se uma opção potencial para mitigar os harmónicos e a compensação de potência reactiva em redes de energia CA monofásicas e trifásicas com cargas não lineares (NLLs). Convencionalmente,

A avaliação dos valores de ganho dos controladores Proporcionais e Integrais (PI) utilizados no APF utiliza controladores baseados em modelos. Os valores de ganho obtidos através de métodos tradicionais podem não dar melhores resultados em várias condições de funcionamento. O SAPF proposto é modelado e simulado utilizando o software MATLAB com as caixas de ferramentas Simulink e SimPowerSystem Blockset. Os resultados da simulação do SAPF utilizando a metodologia proposta demonstram uma melhoria do tempo de estabilização (Ts) com ISE como função de custo.

Faieghi, Mohammad Reza, S. Mohammad Azimi [10], Conceber um controlador PID optimizado para um motor DC sem escovas utilizando PSO e com base no modelo NARMAX identificado com ANFIS, em ANFIS modelado por sistemas do tipo Takagi-Sugeno (T-S) são considerados e devem ter as seguintes propriedades: Deve ser um sistema do tipo T-S de primeira ordem ou de ordem zero. Deve ter uma única saída, obtida através da defuzzificação da média ponderada. Conferência Internacional IEEE sobre Modelação e Simulação Computacional.

A partir da literatura acima referida, observa-se que, em comparação com o controlador PI e o controlador lógico difuso, o ANFIS é adequado para o trabalho proposto.

CAPÍTULO 3

METODOLOGIA

3.1 Introdução ao filtro ativo de potência em derivação:

O filtro de potência ativa shunt (APF) é um dispositivo ligado em paralelo e que cancela as correntes reactivas e harmónicas de uma carga não linear. A corrente total resultante retirada da rede de corrente alternada é sinusoidal. Idealmente, o APF precisa de gerar apenas corrente reactiva e harmónica suficiente para compensar as cargas não lineares na linha. Num APF, é utilizado um inversor de fonte de tensão controlado por corrente para gerar a corrente de compensação (Ic), que é injectada na rede eléctrica pública. Isto cancela os componentes harmónicos extraídos pela carga não linear e mantém a corrente da linha da rede pública (Il) sinusoidal. São utilizados vários métodos para a deteção de harmónicas de corrente instantâneas em filtros activos de potência, tais como o quadro de referência síncrono (SRF), a técnica FFT (técnica de Fourier rápida), a teoria de controlo instantâneo p- q ou a utilização de filtros electrónicos analógicos ou digitais adequados que separam as componentes harmónicas sucessivas. O princípio básico de compensação dos filtros activos de potência em derivação.

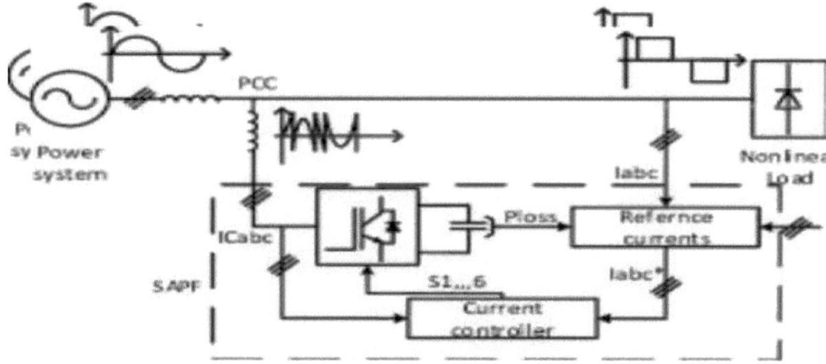

Figura 3.1 Filtro de potência ativo em derivação.

A fig. 3.1 mostra a configuração de um sistema de filtro ativo em derivação monofásico ou trifásico que é utilizado principalmente para compensar vários tipos de problemas relacionados com a corrente. O filtro ativo de derivação também é constituído por um conversor de derivação com condensador dc e indutor de derivação. O indutor de derivação (Lsh) é utilizado principalmente para fazer a interface entre os conversores de derivação e a rede e também ajuda a suavizar a forma de onda da corrente. A eficiência do processo de compensação da corrente harmónica depende em grande medida das técnicas de extração de harmónicas e de controlo da corrente, que serão analisadas nas subsecções seguintes. O conceito de conversor ativo shunt

O filtro de potência é bastante modesto. Antes de ligar o filtro no ponto de acoplamento comum (PPC), o fluxo de corrente no sistema elétrico é expresso da seguinte forma

$$is = i1L = i1L + iH \ldots\ldots\ldots\ldots\ldots\ldots\ldots\ldots\ldots\ldots\ldots\ldots\ldots\ldots\ldots\ldots (3.1)$$

Onde *is* é a corrente da fonte, iL é a corrente de carga, i1L representa a componente fundamental da corrente de carga e iH refere-se à componente harmónica da corrente de carga. Posteriormente, quando o SAPF é instalado no PCC, são apresentadas duas correntes adicionais: a corrente de compensação harmónica gerada pelo SAPF que é igual em magnitude à corrente harmónica, mas a fase é deslocada em 180^ ; e a corrente do elo CC (idc) que é explorada pelo SAPF para manter a tensão do elo CC (Vdc) no nível desejado. O fluxo de corrente no sistema de potência é então expresso como

$$iS = iL = [i1L + iL] - iC + iDC \text{---} (3.2)$$

Onde iC denota a corrente de compensação injectada e idc refere-se à corrente do elo CC. Hipoteticamente, a corrente de compensação harmónica é determinada pelo nível de tensão através do condensador do elo CC. Quando a tensão através do condensador do elo CC é mantida no nível predeterminado, a corrente de compensação harmónica gerada será precisamente idêntica à corrente harmónica absorvida pela carga não linear, anulando-se mutuamente. Neste sentido, a corrente do sistema torna-se sinusoidal com a frequência fundamental, e a expressão em (2) passa a ser a seguinte é $i_s = i_L + i_{DC}$ (3.3)

3.2 Extração de harmónicos:

A estimativa da extração de harmónicas é um processo importante que tem uma influência direta no desempenho efetivo e na precisão do filtro ativo de potência em derivação. Existem várias técnicas para calcular a corrente de referência, que são categorizadas em duas abordagens:

1. Análise no domínio do tempo e análise no domínio da frequência. A análise no domínio do tempo é uma abordagem simples que se baseia em transformações algébricas e na análise de circuitos. Requer menos cálculos e, por conseguinte, encurta o processo de controlo.

2. A abordagem no domínio da frequência é mais complexa, exigindo uma grande memória de processamento. 3. teoria da PQ instantânea: Esta teoria foi desenvolvida por Akagi, Kanazawa e Nabel no ano de 1983-84. Esta teoria é aplicada ao controlo de filtros de potência activos. Os cálculos são simples e consistem em equações algébricas. É utilizada para o cálculo da corrente de referência . Aplica uma transformação algébrica conhecida como transformação de Clarke. Neste método, a tensão e a corrente de carga nas coordenadas a-b-c são transformadas em coordenadas aB.

3.3. Teoria do PQ instantâneo:

Esta teoria foi desenvolvida por Akagi, Kanazawa e Nobel no ano de 1983-84. Esta teoria é aplicada ao controlo do filtro de potência ativo. Os cálculos são simples e consistem em equações algébricas. É utilizada para o cálculo da corrente de referência. Aplica uma transformação algébrica conhecida como Transformação de Clarke. Neste método, a tensão e a corrente de carga em coordenadas a-b-c são transformadas em coordenadas aB.

As equações são dadas

$$\begin{bmatrix} v_\alpha \\ v_\beta \end{bmatrix} = \sqrt{\frac{2}{3}} \begin{bmatrix} 1 -1/2 & -1/2 \\ 0 \sqrt{3}/2 & -\sqrt{3}/2 \end{bmatrix} \begin{bmatrix} v_a \\ v_b \\ v_c \end{bmatrix} \longrightarrow 3.4$$

$$\begin{bmatrix} i_\alpha \\ i_\beta \end{bmatrix} = \sqrt{\frac{2}{3}} \begin{bmatrix} 1 -1/2 & -1/2 \\ 0 \sqrt{3}/2 & -\sqrt{3}/2 \end{bmatrix} \begin{bmatrix} i_a \\ i_b \\ i_c \end{bmatrix} \longrightarrow 3.5$$

em que Va, Vb e Vc são as tensões trifásicas na coordenada a-b-c, ia, ib e ic são as correntes trifásicas na coordenada a-b-c, v0, va e ve são as tensões trifásicas na coordenada $0\text{-}\alpha\text{-}\beta$, e i0, ia e $i\beta$ ie são as correntes trifásicas na coordenada $0\text{-}\alpha\text{-}\beta$. O sistema considerado neste trabalho é um sistema trifásico a três fios, pelo que não existe componente de sequência zero. Na coordenada $\alpha\text{-}\beta$, a soma complexa das potências ativa e reactiva (P e Q) pode ser representada por b.

$$S = P + jQ = v\alpha\beta * \alpha\beta = v\alpha - jv\beta\ i\alpha + ji\beta = v\alpha i\alpha + v\beta i\beta + j\ v\alpha i\beta - v\beta i\alpha \quad (3.6)$$

em que S é a potência complexa, P refere-se à potência ativa, Q representa a potência reactiva e * é o conjugado complexo.

De acordo com a teoria p-q, as potências real e imaginária podem ser escritas da seguinte forma: Potência real

$$P = \tilde{P} + \tilde{P} \quad (3.7)$$

Poder imaginário: $q = \tilde{q} + \tilde{q}$ ....(3.8)

P= Valor médio da potência real instantânea transferida da fonte para a carga. *P*= Valor alternado da potência real instantânea trocada entre a fonte e a carga.

q= Valor médio da potência imaginária instantânea trocada entre a fonte e a carga.

q= Valor alternado da potência imaginária instantânea trocada entre as fases e a carga.

No domínio do tempo é apresentado e o modelo de simulação é construído utilizando MATLAB/Simulink. Basicamente, a teoria da potência reactiva instantânea baseia-se na transformação da coordenada de referência estacionária a-b-c para a coordenada rotativa 0- a-

B, que é conhecida como transformação de Clarke. As tensões e correntes da fonte são transformadas em componentes 0-a-B. A representação em diagrama de blocos da teoria da potência reactiva instantânea.

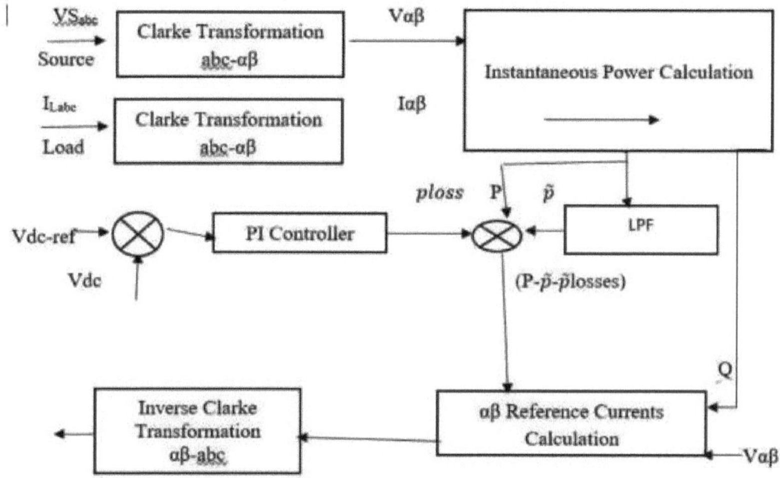

Figura 3.2 Transformação da teoria PQ

Com a presença de cargas não lineares, as componentes instantâneas de potência ativa e reactiva são decompostas nas suas partes AC e DC, como ilustrado nas Expressões. Como mostra a Figura 2, a parte DC (p) da potência real instantânea (P) representa as componentes fundamentais de tensão e corrente e corresponde à potência transferida da fonte para a carga, enquanto a parte AC

A parte (ep) corresponde à energia trocada entre a fonte e a carga. A componente média ou DC da potência real instantânea, que é a única potência que deve ser fornecida pela fonte trifásica AC, é extraída através de um filtro passa-baixo de ordem elevada, No que diz respeito à componente de potência reactiva instantânea (Q). representam a componente fundamental e a componente harmónica que são responsáveis pela circulação de energia entre as fases da carga.

P= P+ P

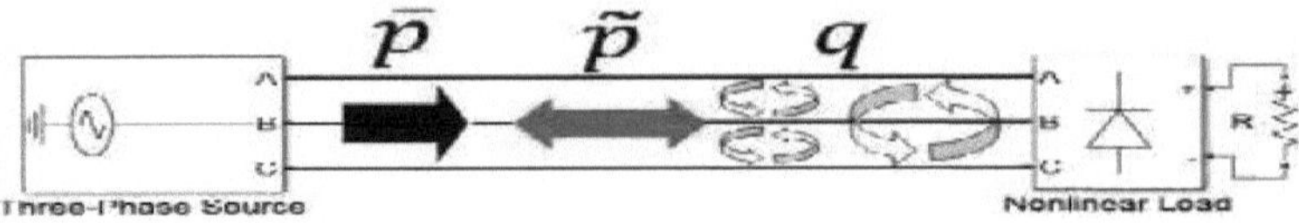

3.3 Introdução à teoria PQ

Para gerar as correntes harmónicas de referência, são necessárias a componente CA (ep) da potência ativa e a potência reactiva total (Q). Para recompor as perdas de comutação do inversor da fonte de tensão e para preservar a tensão do elo CC no nível requerido, o filtro de potência ativa shunt consome uma pequena quantidade de potência real (ploss) da fonte CA trifásica ou de uma fonte de alimentação externa. Por conseguinte, a componente CA (ep) da potência ativa é medida como na equação. Assim, as correntes de referência de compensação nas coordenadas a-B são calculadas utilizando a Expressão e transformadas para as coordenadas a-b-c através de uma transformação inversa, como se mostra na Expressão.

Onde o algoritmo da teoria PQ tem

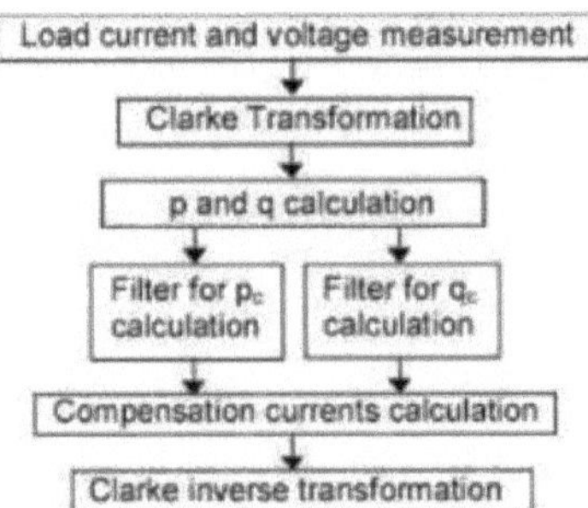

Figura 3.4 Algoritmo estratégico da teoria PQ

3.3.1 Papel do condensador do lado DC:

O condensador do lado DC tem dois objectivos principais: mantém o estado estacionário e serve como dispositivo de armazenamento de energia. Em estado estacionário, a potência real fornecida pela fonte deve ser igual à potência real exigida e uma potência para compensar as perdas no filtro. Para manter a tensão dc igual ao seu valor de referência, as perdas através dos ramos do filtro serão compensadas pela corrente da fonte.

No entanto, quando o estado da carga se altera, o equilíbrio da potência real entre a rede eléctrica e a carga é perturbado. Esta diferença de potência real deve ser compensada pelo condensador CC. Isto faz com que a tensão do condensador CC se afaste da tensão de referência. A fim de manter um funcionamento satisfatório do filtro ativo, o valor de pico da corrente de referência deve ser ajustado de modo a alterar proporcionalmente a potência real retirada da fonte.

Esta potência real carregada/descarregada pelo condensador compensa a potência real consumida pela carga. Se a tensão do condensador CC é recuperada e atinge a tensão de referência, supõe-se que a potência real fornecida pela fonte é novamente igual à consumida pela carga. Assim, desta forma, o valor de pico ou a corrente de referência da fonte pode ser obtido regulando a tensão média do condensador CC.

Uma tensão do condensador CC mais pequena do que a tensão de referência significa que a potência real fornecida pela fonte não é suficiente para satisfazer as necessidades da carga. Por conseguinte, a corrente da fonte (ou seja, a potência real extraída da fonte) precisa de ser aumentada, enquanto uma tensão do condensador CC maior do que a tensão de referência tenta diminuir a corrente da fonte de referência. Esta alteração na tensão do condensador foi verificada a partir dos resultados da simulação.

A injeção de potência real/reactiva pode resultar na ondulação da tensão do condensador CC. Geralmente, é utilizado um filtro passa-baixo para filtrar estas ondulações, que introduzem um atraso finito. Para evitar a utilização deste filtro passa-baixo, a tensão do condensador é amostrada no cruzamento zero da tensão da fonte. Uma corrente de referência que muda continuamente faz com que a compensação não seja instantânea durante o transiente. Assim, esta tensão é amostrada na passagem por zero de uma das tensões de fase, o que torna a compensação instantânea.

A amostragem de apenas duas vezes num ciclo, em comparação com seis vezes num ciclo, leva a uma subida/descida ligeiramente maior da tensão do condensador CC durante os transientes, mas o tempo de estabilização é menor. O projeto do circuito de potência inclui três parâmetros principais:

- Seleção do indutor do filtro, Lc.
- Seleção do condensador do lado DC, Cdc.
- Seleção do valor de referência da tensão do condensador do lado DC, Vdcref.

3.3.2 Conceção do condensador do lado DC:

O projeto do condensador do lado CC baseia-se no princípio do método do fluxo de potência instantâneo. A saída do retificador é uma tensão que precisa de ser filtrada através da ligação da indutância para reduzir o nível da corrente de ondulação. A fim de reduzir a ondulação do inversor de fonte de tensão causada pela comutação de dispositivos de potência. A conceção do indutor de filtragem baseia-se na técnica de redução da corrente harmónica. No lado dc do filtro, o condensador fornece a tensão dc. O condensador do lado CC pode ser escrito como

$$C_{dc}=\Pi * (I_{c1,rated})/(3)\omega V_{dc,p-p(max)}.$$

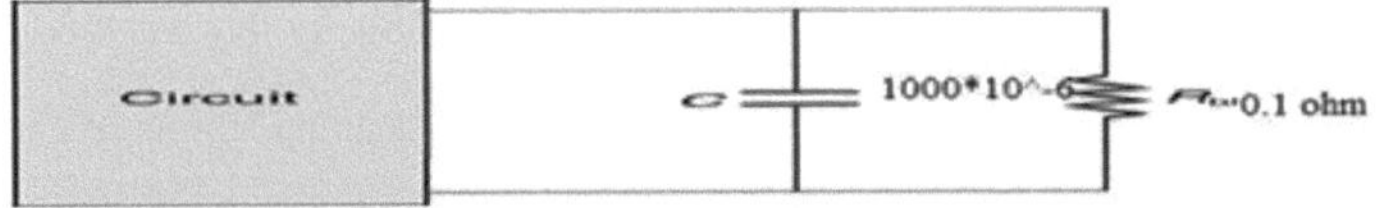

Figura 3.5 Circuito de tensão do condensador de corrente contínua

O controlo vantajoso da fonte de tensão CC do filtro de potência ativa em derivação resulta do trânsito adequado da potência de alimentação necessária adicionada à flutuação da potência ativa. A capacidade de armazenamento C absorve as flutuações de potência causadas pela compensação da potência reactiva. No condicionador normal, a potência real fornecida pela fonte deve ser igual à potência real exigida pela carga mais uma pequena potência para compensar as perdas no filtro ativo.

Assim, a tensão do condensador CC pode ser mantida a um valor constante e confirmada num valor de referência. No entanto, no condicionador anormal, na presença de corrente harmónica, quando a carga muda, o equilíbrio de potência real entre a fonte e a carga será perturbado. Neste caso, a potência real vertida deve ser compensada pelo condensador CC.

CAPÍTULO 4

ESQUEMA DE CONTROLO DA LÓGICA DIFUSA

4.1 Introdução ao controlador lógico Fuzzy:

Um controlador lógico difuso baseia-se num conjunto de regras de controlo regidas pela regra de composição de inferência aplicada para manter a tensão constante através do condensador, minimizando o erro entre a tensão do condensador e a sua tensão de referência.

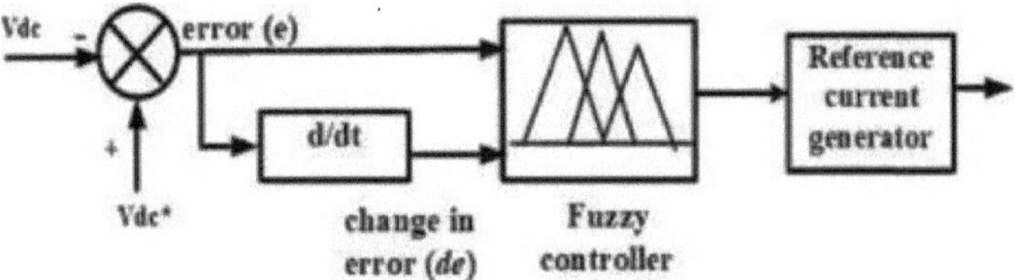

Figura 4.1 Diagrama de blocos do controlador lógico difuso

4.2 Algoritmo fuzzy básico:

Num controlador de lógica difusa, a ação de controlo é determinada a partir da avaliação de um conjunto de regras linguísticas simples. O desenvolvimento das regras requer um conhecimento profundo do processo a ser controlado, mas não requer um modelo matemático do sistema.

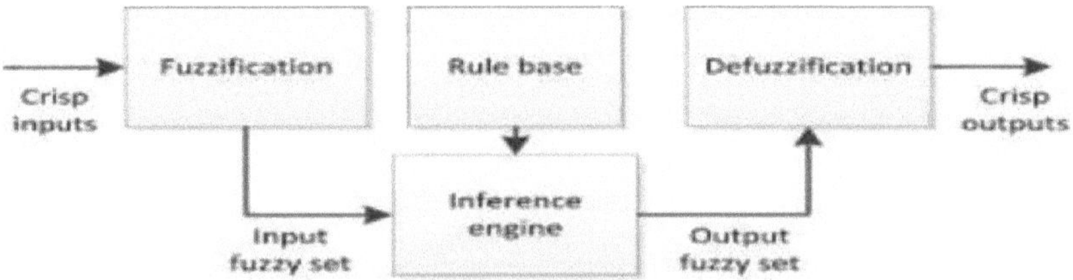

Figura 4.2 Estrutura interna do controlador lógico difuso

A estrutura interna do controlador fuzzy é apresentada na Fig.6. Aqui, o erro e e a variação do erro ce são utilizados como variáveis numéricas do sistema real. Para converter estas variáveis numéricas em variáveis linguísticas, são escolhidos os seguintes sete níveis ou conjuntos fuzzy: NB (negativo grande), NM (negativo médio), NS (negativo pequeno), ZE (zero), PS (positivo pequeno), PM (positivo médio) e PB (positivo grande).

O controlador fuzzy é caracterizado da seguinte forma:

1. cinco conjuntos efervescentes para cada entrada e saída.
2. Funções de filiação triangulares para simplificar.
3. Fuzzificação utilizando o universo contínuo do discurso.
4. Implicação utilizando o operador "min" de Mamdani.
5. Defuzzificação utilizando o método da "altura".

As funções de afiliação do controlador lógico fuzzy

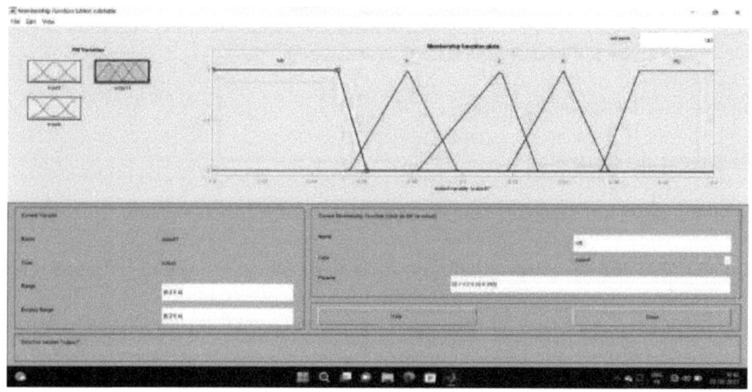

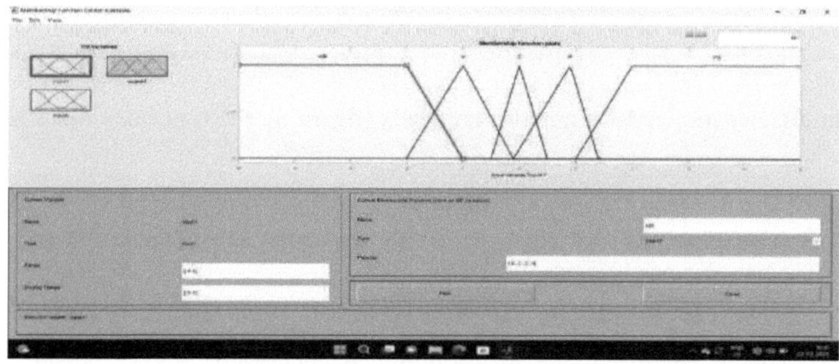

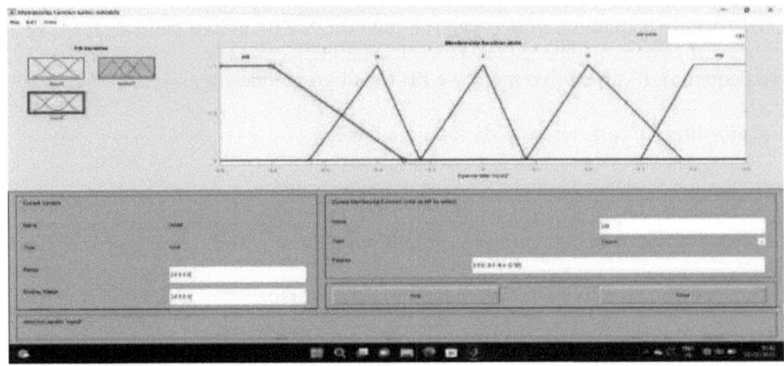

Figura 4.3 Funções de afiliação Funções de afiliação triangulares normalizadas utilizadas na fuzzificação

a) funções de filiação para e e ce

b) b funções de filiação para *5* Imax

Tabela de regras de controlo

A conceção da regra de controlo fuzzy envolve a definição de regras que relacionam as variáveis de entrada com as propriedades do modelo de saída. Como o FLC é independente do modelo do sistema, a conceção baseia-se principalmente na sensação intuitiva e na experiência do processo.

Do mesmo modo, podem ser formadas regras para outras regiões. Para são determinadas com base na teoria de que, no estado transiente, os erros grandes necessitam de um controlo grosseiro, o que requer espaços (NB, NS, ZE, PS, PB) e variáveis de entrada/saída grosseiras; no estado estacionário, estão resumidos na tabela [figura 8]. Os elementos desta tabela, no entanto, pequenos erros necessitam de controlo fino, o que requer variáveis de entrada/saída finas. Com base nisto, os elementos da tabela de regras são obtidos a partir de uma compreensão do comportamento do filtro e modificados pelo desempenho da simulação.

Comparado com o controlador de lógica difusa, o controlador ANFIS possui múltiplas vantagens e a sua arquitetura é explicada no capítulo seguinte.

CAPÍTULO 5

SISTEMA DE INTERFACE NEURO-FUZZY ADAPTATIVO

5.1 INTRODUÇÃO DA ANFIS:

A estrutura geral de controlo do ANFIS contém os mesmos componentes que o FIS, exceto o bloco da rede neural. A estrutura da rede é composta por um conjunto de unidades (e ligações) dispostas em cinco camadas de rede ligadas, ou seja, da camada 1 à camada 5.

5.2 TRABALHO DA ANFIS:

A estrutura do controlador ANFIS proposto consiste em quatro blocos importantes que são a fuzzificação, a base de conhecimento, a rede neural e a defuzzificação.

A camada 1 é constituída por variáveis de entrada (funções de afiliação) e funções de afiliação triangulares.

A camada 2 é a camada de associação e verifica os pesos de cada função de associação. Recebe os valores de entrada da primeira camada e actua como funções de filiação para representar os conjuntos difusos das respectivas variáveis de entrada.

A camada 3 é designada por camada de regras e recebe a entrada da camada anterior. Esta camada calcula o nível de ativação de cada regra e o número de camadas é igual ao número de regras difusas. Cada nó desta camada calcula os pesos que serão normalizados.

A camada 4 é a camada de defuzzificação que fornece os valores de saída resultantes da inferência das regras. A camada 5 é designada por camada de saída, que soma todas as entradas provenientes da camada 4 e transforma os resultados da classificação difusa num valor exato.

O ANFIS modelado por sistemas do tipo Takagi-Sugeno (T-S) é considerado e deve ter as seguintes propriedades Deve ser um sistema do tipo T-S de primeira ordem ou de ordem zero. Deve ter uma única saída, obtida através da defuzzificação da média ponderada.

Todas as funções de afiliação de saída devem ser do mesmo tipo e devem ser lineares ou constantes. Não deve haver partilha de regras, ou seja, regras diferentes não podem partilhar a mesma função de afiliação de saída. O número de funções de membro de saída deve ser igual ao número de regras. Deve ter um peso unitário para cada regra.

ΔE| / E	NB	N	Z	P	PB
NB	PB	P	Z	Z	N
N	PB	P	Z	Z	N
Z	P	Z	Z	N	N
P	Z	Z	Z	N	NB
PB	Z	Z	Z	N	NB

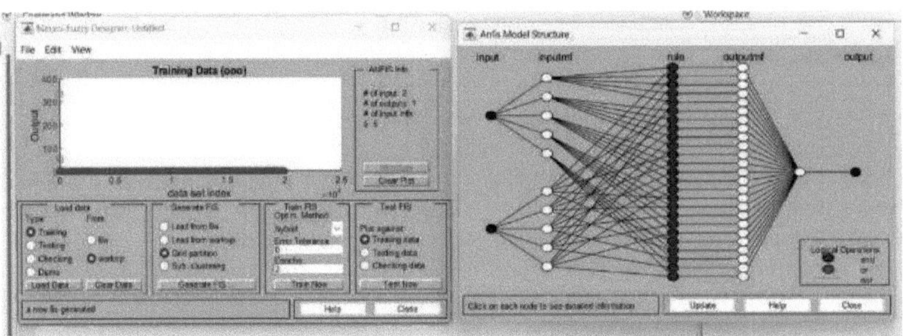

Figura 5.1 O ANFIS edita e treina os dados para gerar novos dados

A estrutura ANFIS é ajustada automaticamente através da estimativa dos mínimos quadrados e do algoritmo de retropropagação. Devido à sua flexibilidade, a estratégia ANFIS pode ser utilizada para uma vasta gama de aplicações de controlo.

Veja um exemplo como

Regra 1: se (x é 1mf1) e (y é 2mf1) então (f1=p1x+q1y+r1) Regra 2: se

(x é 2mf1) e (y é 2mf2) então (f2=p2x+q2y+r2)

como quase semelhantes às regras objectivas. Aqui, x e y são as entradas e f1 e f2 são os parâmetros de saída determinados. Durante o período da fase de treino, pi, qi e ri são utilizados para conceber os parâmetros. Devido às vantagens do controlador ANFIS, este é utilizado no trabalho proposto e o esquema de controlo é explicado no capítulo seguinte.

CAPÍTULO 6

ESQUEMAS DE CONTROLO DE POTÊNCIA ATIVA SHUNT

ACTIVOS

Os esquemas de controlo do inversor de fonte de tensão são o controlador difuso e o controlador de corrente de histerese

6.1 Controlador de corrente de histerese:

Existem vários tipos de técnicas de modulação de largura de impulsos (PWM) controladas por corrente, entre as quais os controladores de histerese oferecem uma simplicidade de implementação inerente e um excelente desempenho dinâmico.

O PWM com banda de histerese é basicamente uma técnica de controlo da corrente de realimentação instantânea do PWM em que a corrente real segue continuamente a corrente de comando dentro de uma banda de histerese fixa. A Figura 6.1 explica o princípio de funcionamento do PWM de banda de histerese para um inversor de meia ponte. O circuito de controlo gera a onda de corrente de referência sinusoidal de magnitude e frequência desejadas, que é comparada com a onda de corrente real.

A implementação do controlador de corrente de histerese baseia-se em sinais de comutação provenientes da comparação do erro de corrente com a banda de tolerância, ou seja, a comparação da corrente de fase real com a banda de tolerância em torno da corrente de referência dessa fase. Por outro lado, este tipo de controlo por banda é afetado negativamente pelas interacções da corrente de fase. Isto deve-se às comutações das três fases. Dependendo das condições de carga, a frequência de comutação pode variar, resultando num funcionamento irregular do inversor.

Estes controladores são utilizados em diferentes aplicações, como o controlo de movimentos e a filtragem ativa. No controlo de corrente por histerese, a corrente é mantida numa banda de largura predefinida, ou banda de histerese (HB), em torno da corrente de referência. A corrente real (isa, isb, isc) é comparada com a corrente de referência (i*a, , i*b , i*c) e os comutadores do VSI são ligados e desligados de acordo com o erro para manter a corrente real dentro da banda de histerese. Quando o erro de corrente ultrapassa o limite superior da banda de histerese, a saída do VSI é desligada ou vice-versa. Normalmente, a tensão CC vai para o valor máximo quando a corrente de saída precisa de aumentar e para a tensão mínima quando a corrente precisa de diminuir.

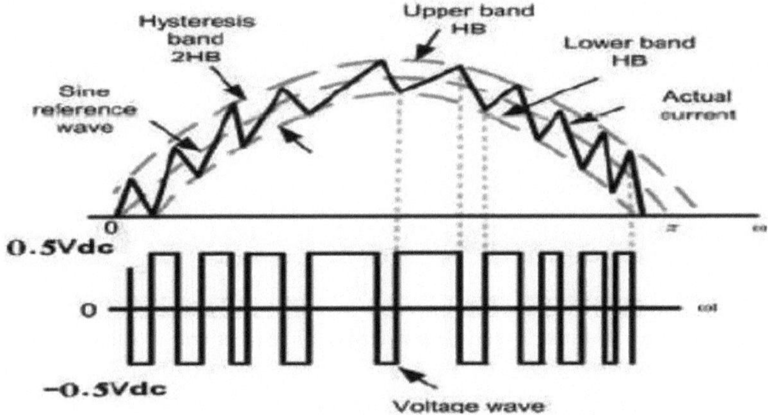

Figura 6.1 Controlo da corrente de histerese

Quando a corrente ultrapassa uma banda de histerese superior, o interrutor superior da meia ponte é desligado e o interrutor inferior é ligado. Como resultado, a tensão de saída passa de +0,5 Vd para - 0,5 Vd, e a corrente começa a diminuir. Da mesma forma, quando a corrente ultrapassa o limite inferior da banda, o interrutor inferior é desligado e o interrutor superior é ligado.

A principal desvantagem deste método é a frequência de comutação variável. Para resolver o problema da frequência de comutação variável, é aplicada a técnica de controlo da corrente por histerese adaptativa. A frequência de comutação não é fixa na técnica de controlo da corrente de histerese. Por isso, foi introduzido o conceito de frequência de comutação média. O controlo da corrente de banda de histerese para o filtro de potência ativa é utilizado para gerar o padrão de comutação do inversor. Existem vários métodos de controlo da corrente propostos para as configurações do filtro de potência ativo, mas o método de controlo da corrente de histerese é comprovadamente o melhor de entre outros métodos de controlo da corrente, devido à rápida capacidade de controlo da corrente, à fácil implementação e à estabilidade incondicionada.

O controlo da corrente de banda de histerese é robusto, proporciona uma excelente dinâmica e o controlo mais rápido com o mínimo de hardware.

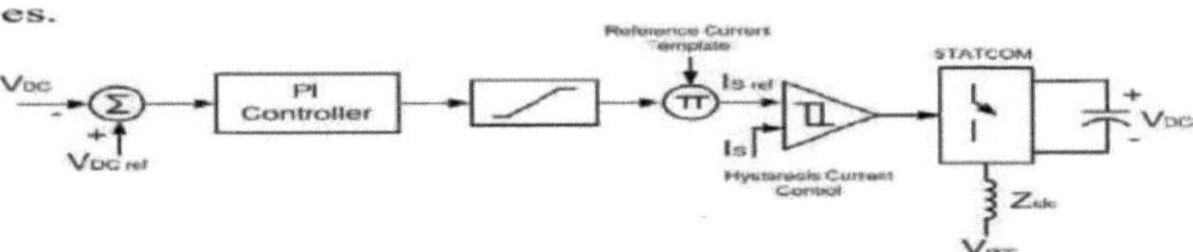

Figura 6.2 Diagrama esquemático em circuito fechado do D-STATCOM

A comparação entre a corrente da fonte de referência (I*S) e a corrente da fonte detectada (IS) e o erro de geração é dada à banda de histerese que gera os instantes de comutação do conversor de fonte de corrente em derivação. A corrente muda do limite superior para o limite inferior da banda de histerese. Por conseguinte, a frequência de comutação não permanece constante durante toda a operação de comutação, mas varia em função da forma de onda da corrente.

O controlador ANFIS proposto é simulado em MATLAB/SIMULINK e os resultados são apresentados no próximo capítulo.

CAPÍTULO 7

RESULTADOS E DISCUSSÃO

A eficácia do algoritmo de controlo do filtro ativo de potência em derivação proposto na atenuação dos harmónicos de corrente devidos a cargas não lineares é realizada através de uma simulação do sistema utilizando a ferramenta de potência MATLAB/Simulink. A Figura 1 mostra o modelo completo do Simulink que consiste em (i) uma fonte de tensão CA trifásica, (ii) uma carga não linear (uma resistência ligada a uma ponte de díodos universal trifásica) e (iii) um filtro ativo de potência em derivação. Para a simulação, os parâmetros do sistema estão listados na Tabela 1. A análise da eficácia do SAPF na eliminação de correntes harmónicas é examinada em condições de carga não linear equilibrada e desequilibrada.

PARÂMETROS DO SISTEMA

Parâmetro	**Valor**
TENSÃO DA FONTE CA	415 VPH-PH
FREQUÊNCIA	50HZ
IMPEDÂNCIA DA FONTE	Rs=0,1fl, Ls=10mH
IMPEDÂNCIA DO FILTRO	Rs=0,0Q, Ls=1,0mH
CONDENSADOR DE LIGAÇÃO DC	1000|iF,400V
Kp	1.2
Ki	30

Tabela 7.1. Parâmetros do sistema

DIAGRAMA DO SIMULINK

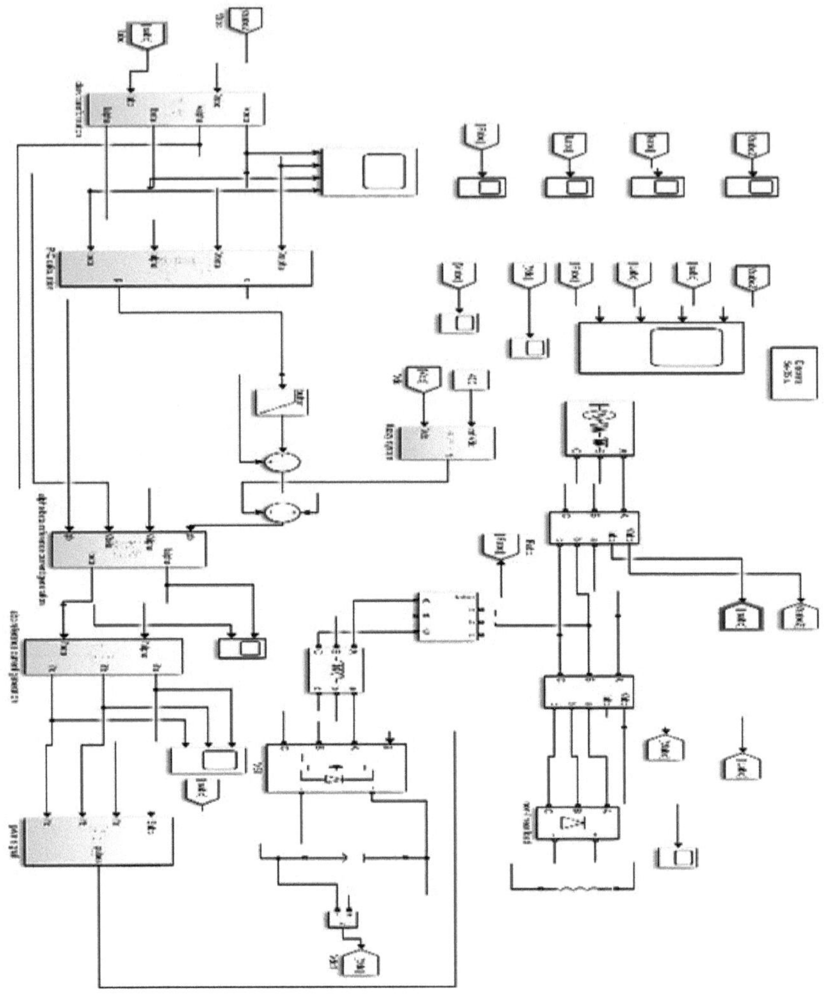

Figura 7.1 Diagrama de simulação para filtro de potência ativo paralelo com controlador difuso

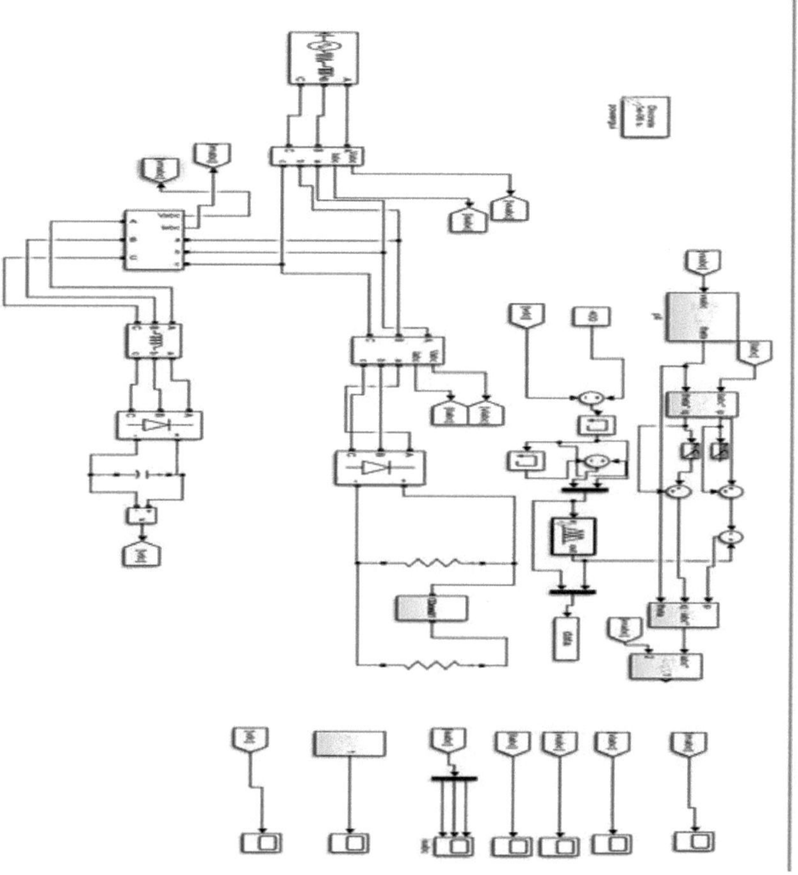

Figura 7.2 Diagrama de simulação do filtro ativo de potência com ANFIS

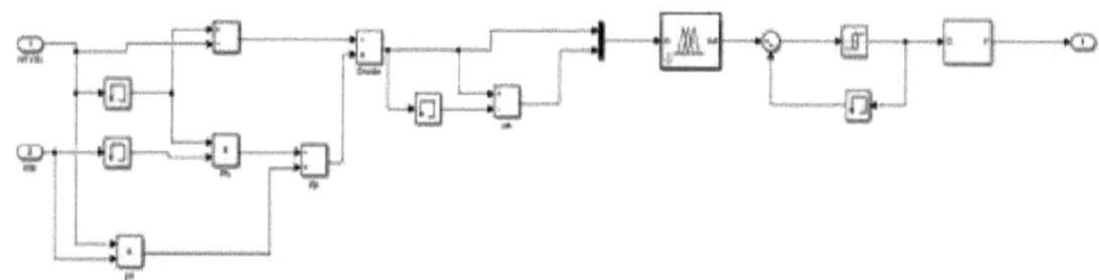

Figura 7.3 Diagrama de blocos Fuzzy

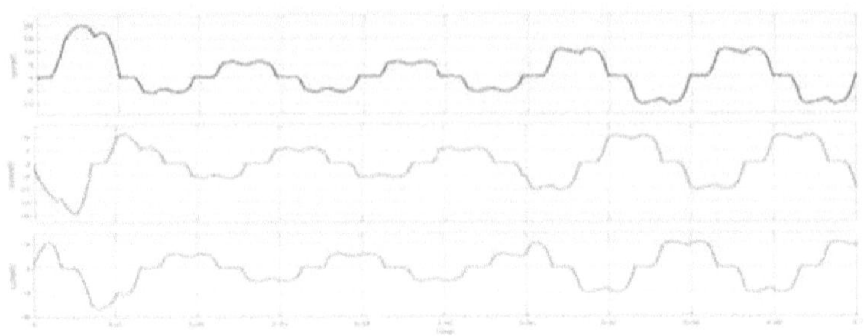

Resultados da distorção harmónica total

Figura 7.4 Corrente de fonte trifásica equilibrada sem SAPF (ANFIS)

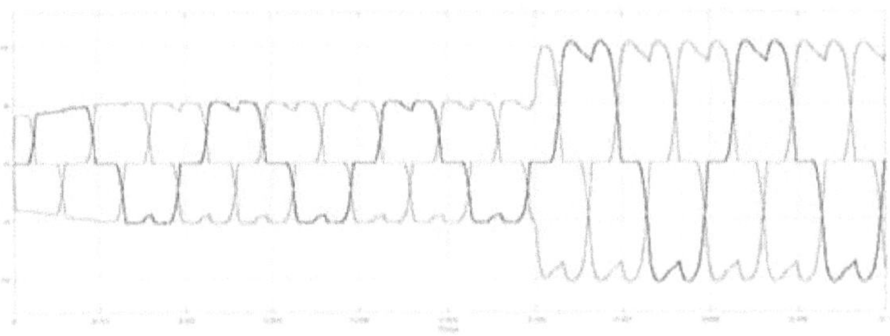

Figura 7.5 Corrente de carga trifásica equilibrada sem SAPF (ANFIS)

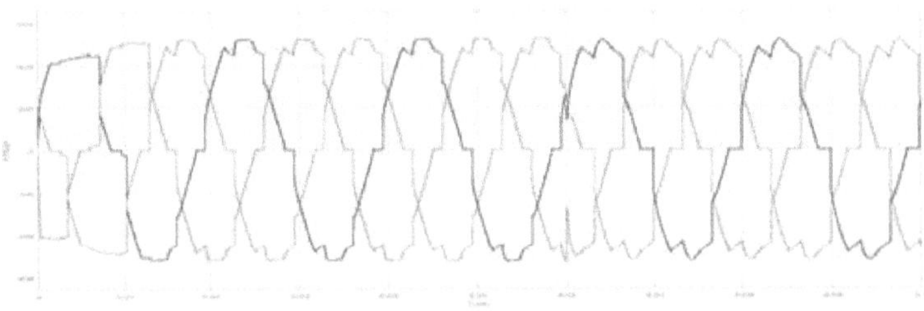

Figura 7.6 Fonte de tensão trifásica equilibrada sem SAPF (ANFIS)

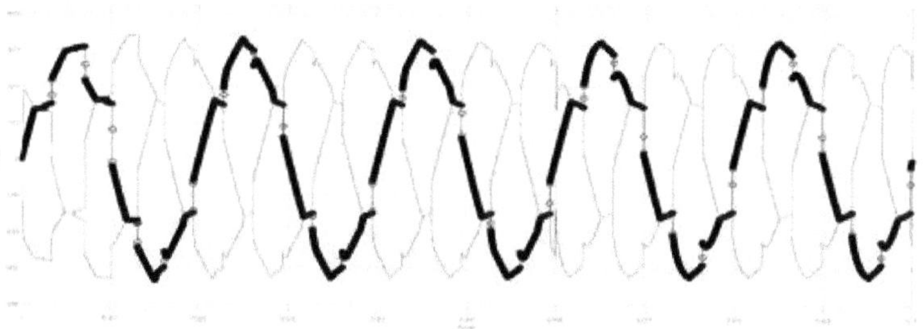

Figura 7.7 Tensão trifásica de carga equilibrada sem SAPF (ANFIS)

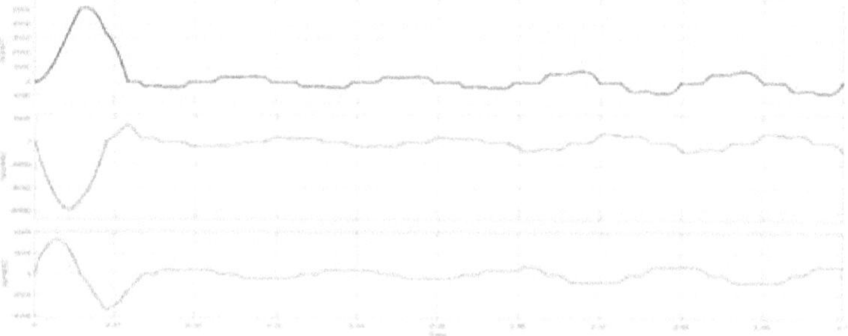

Figura 7.8 Corrente de fonte trifásica desequilibrada sem SAPF (ANFIS)

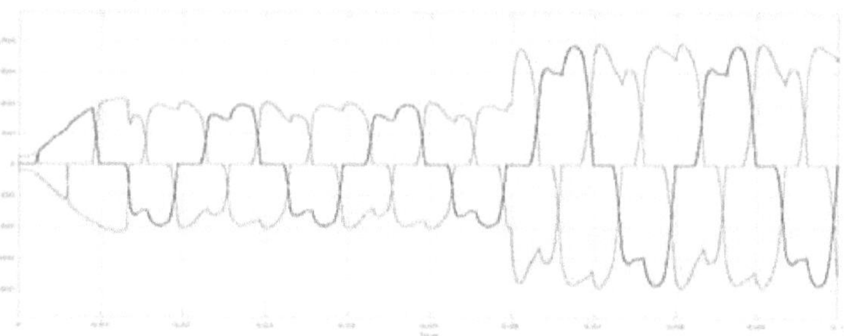

Figura 7.9 Corrente de carga trifásica desequilibrada sem SAPF (ANFIS)

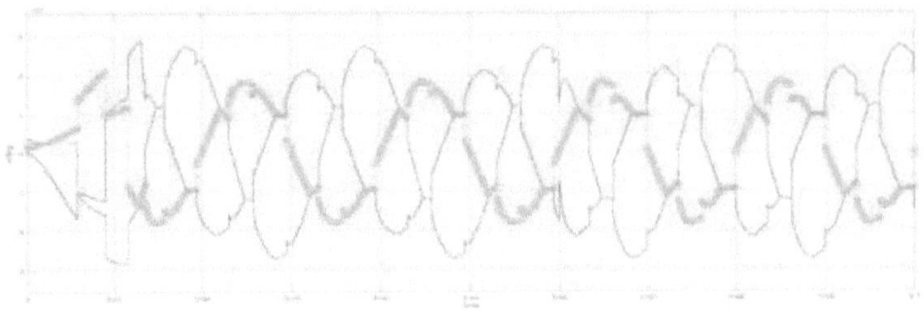

Figura 7.10 Tensão trifásica de carga desequilibrada sem SAPF (ANFIS)

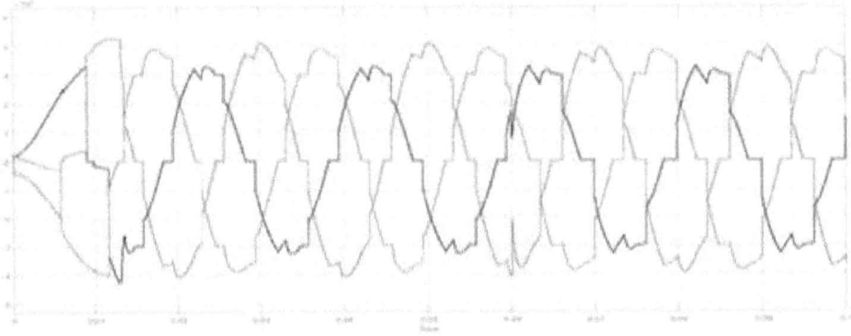

Figura 7.11 Tensão da fonte trifásica desequilibrada sem SAPF (ANFIS)

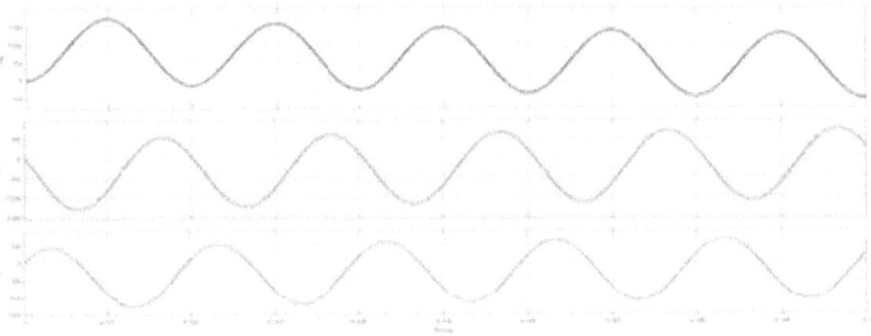

Figura 7.12 Corrente de fonte trifásica equilibrada com SAPF (ANFIS)

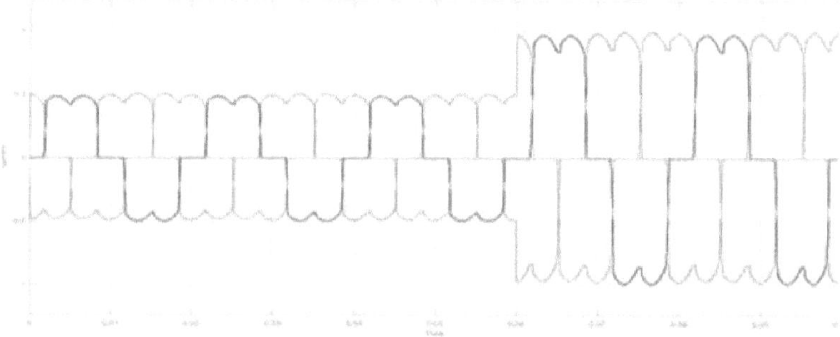

Figura 7.13 Corrente de carga trifásica equilibrada com SAPF (ANFIS)

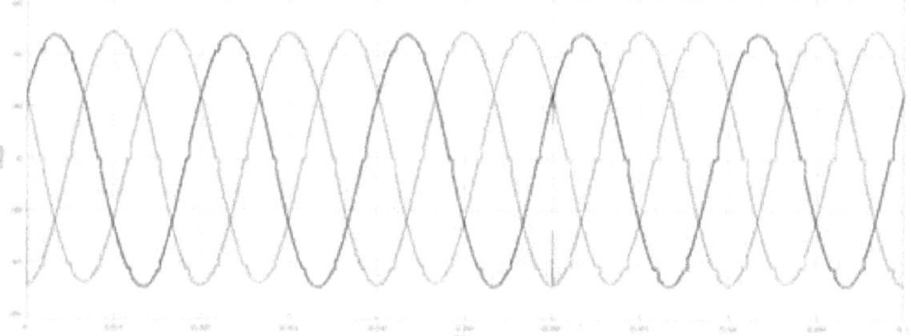

Figura 7.14 Tensão trifásica de fonte equilibrada com SAPF (ANFIS)

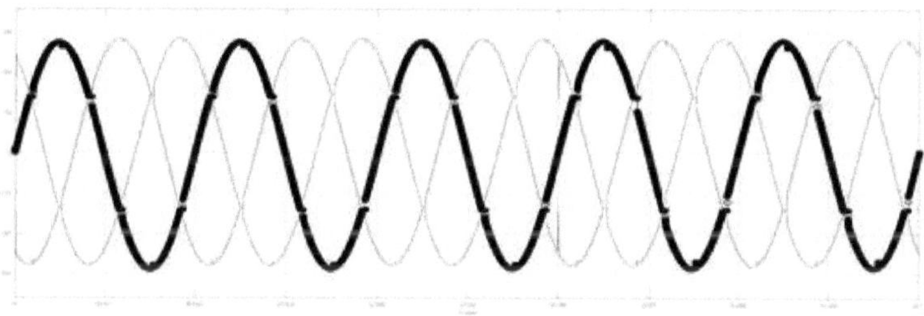

Figura 7.15 Tensão trifásica de carga equilibrada com SAPF (ANFIS)

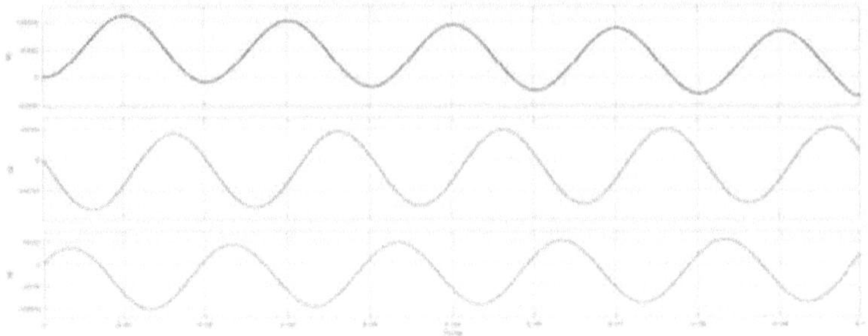

Figura 7.16 Corrente de fonte trifásica desequilibrada com SAPF (ANFIS)

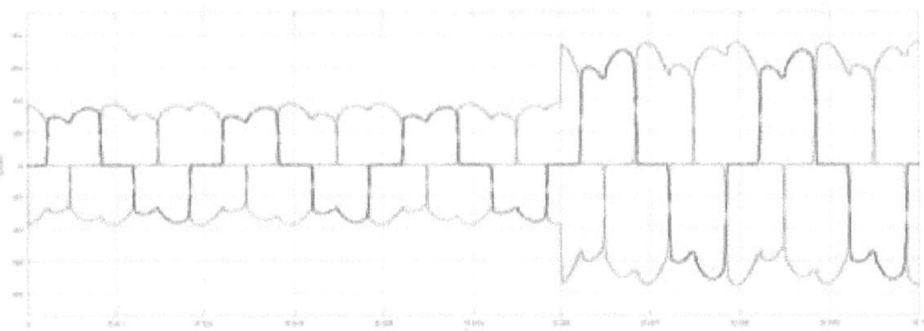

Figura 7.17 Corrente de carga trifásica desequilibrada com SAPF (ANFIS)

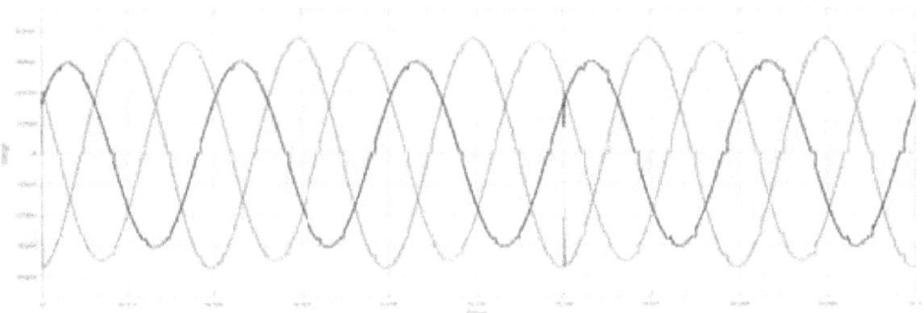

Figura 7.18 Tensão trifásica desequilibrada da fonte com SAPF (ANFIS)

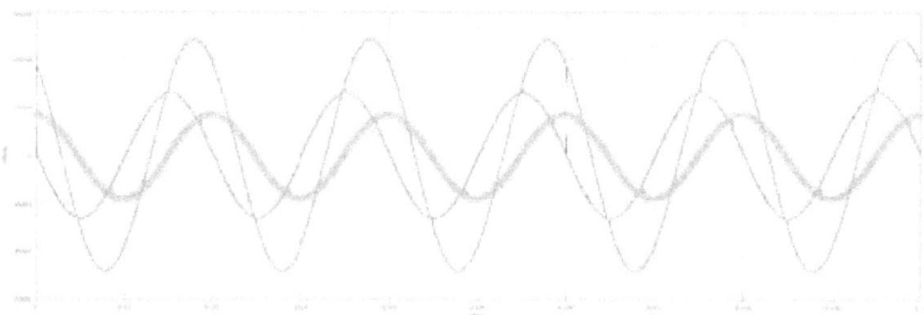

Figura 7.19 Tensão de carga trifásica desequilibrada com SAPF (ANFIS)

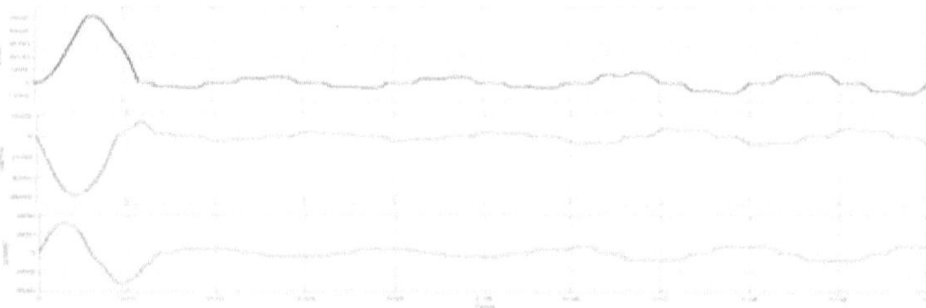

Figura 7.20 Corrente de fonte trifásica desequilibrada sem SAPF (fuzzy)

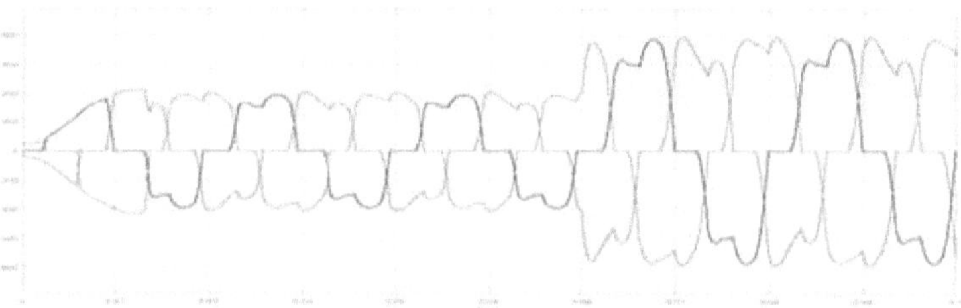

Figura 7.21 Corrente de carga trifásica desequilibrada sem SAPF (fuzzy)

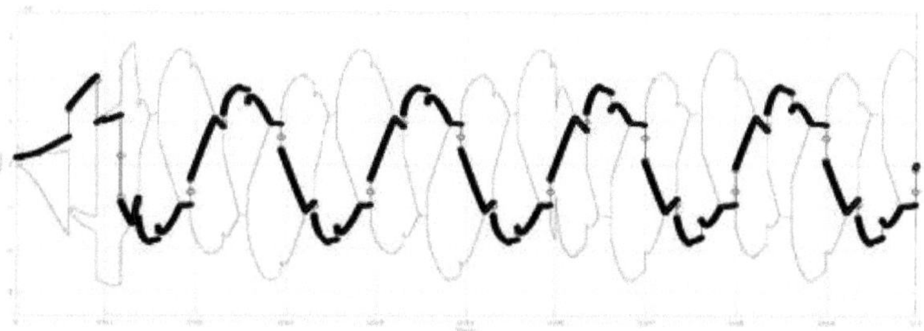

Figura 7.22 Tensão trifásica de carga desequilibrada sem SAPF (fuzzy)

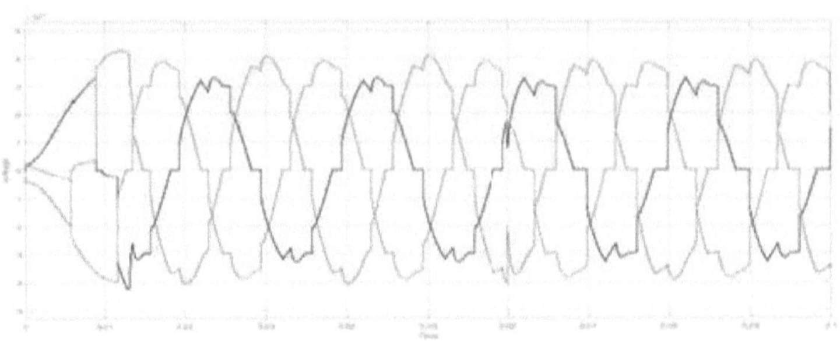

Figura 7.23 Tensão trifásica de fonte desequilibrada sem SAPF (fuzzy)

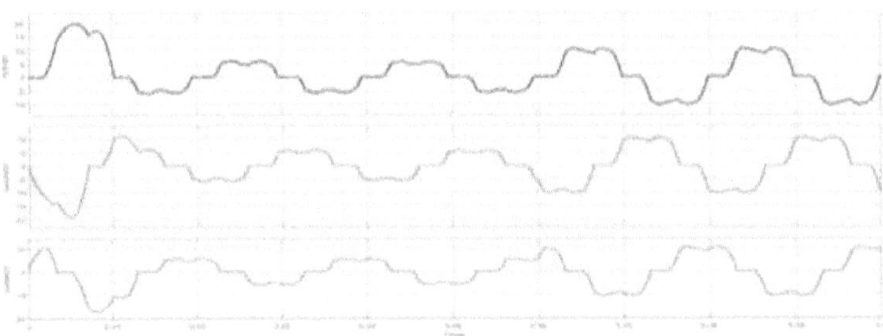

Figura 7.24 Corrente de fonte trifásica equilibrada sem SAPF (fuzzy)

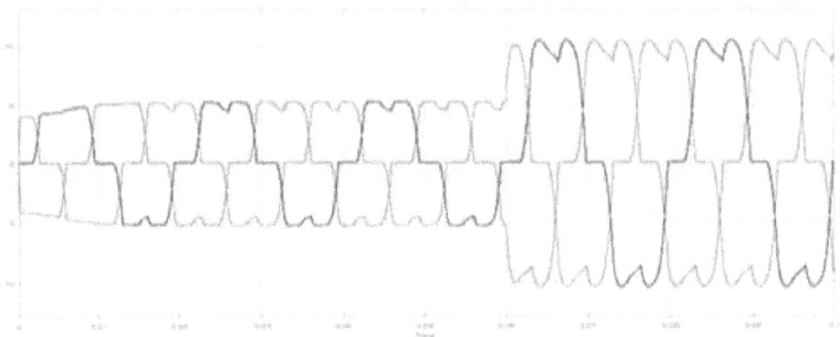

Figura 7.25 Corrente trifásica de carga equilibrada sem SAPF (fuzzy)

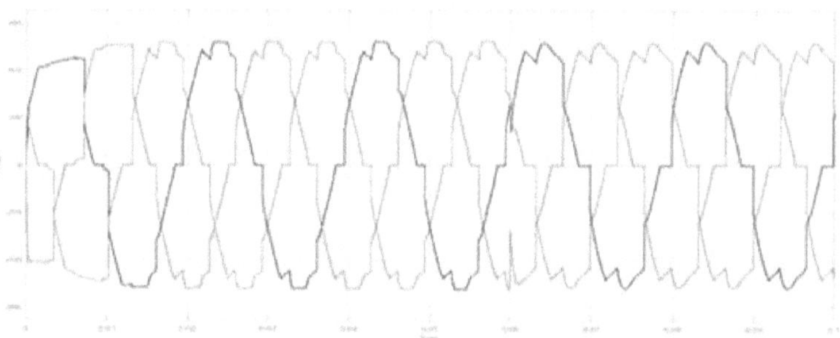

Figura 7.26 Tensão trifásica de fonte equilibrada sem SAPF (fuzzy)

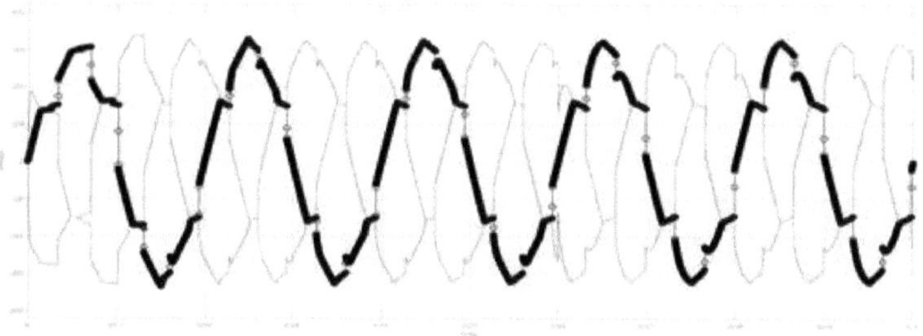

Figura 7.26 Tensão trifásica em carga equilibrada sem SAPF (fuzzy)

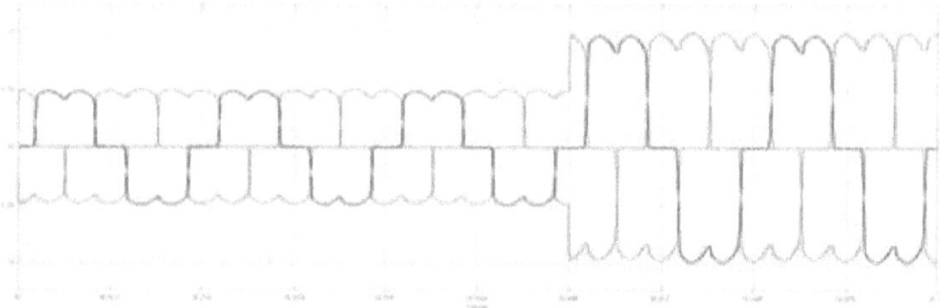

Figura 7.27 Corrente de carga trifásica equilibrada com SAPF (fuzzy)

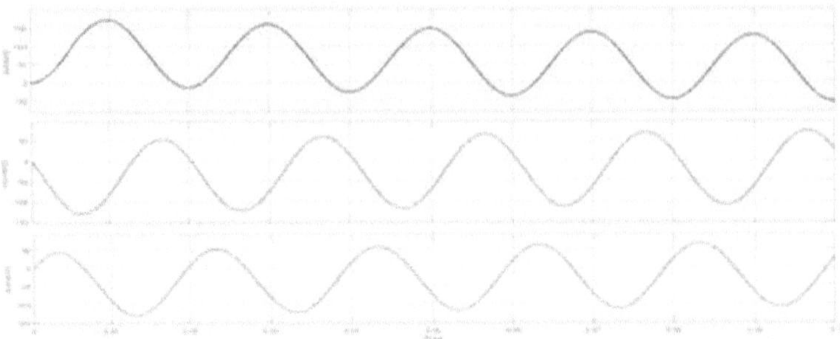

Figura 7.28 Corrente de fonte trifásica equilibrada com SAPF (fuzzy)

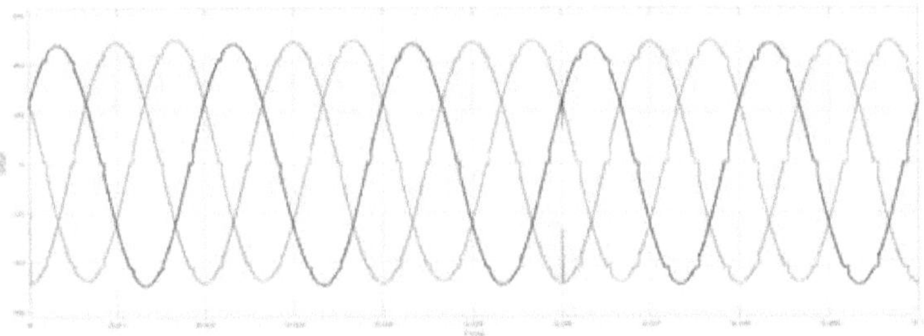

Figura 7.29 Tensão trifásica de fonte equilibrada com SAPF (fuzzy)

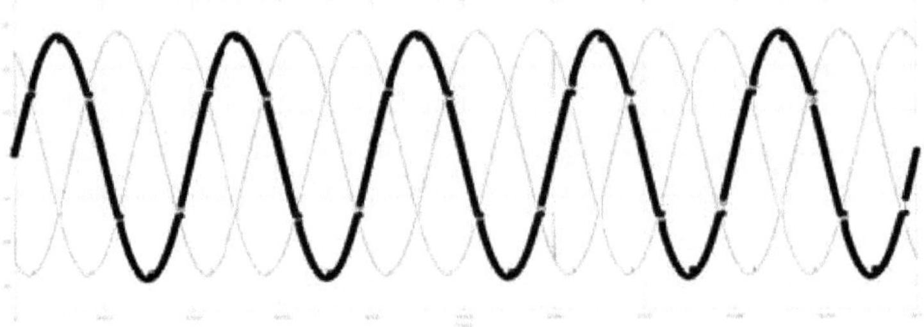

Figura 7.30 Tensão trifásica de carga equilibrada com SAPF (fuzzy)

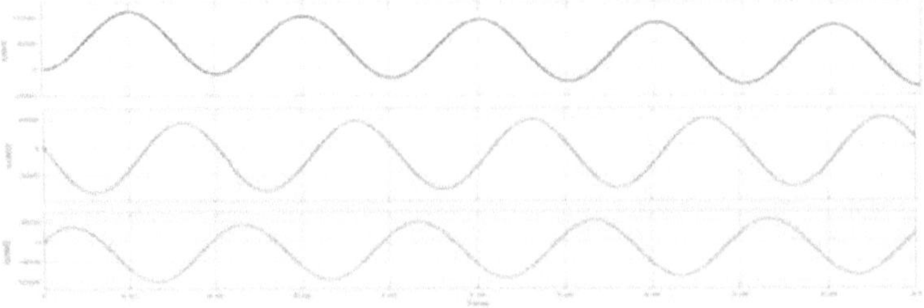

Figura 7.31 Corrente de fonte trifásica desequilibrada com SAPF (fuzzy)

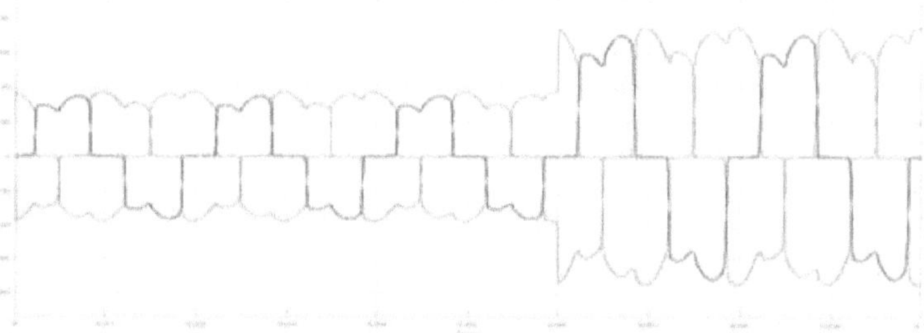

Figura 7.32 Corrente de carga trifásica desequilibrada com SAPF (fuzzy)

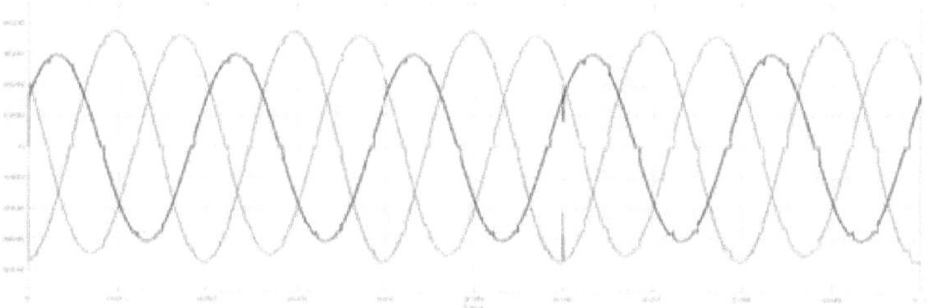

Figura 7.33 Tensão trifásica desequilibrada da fonte com SAPF (fuzzy)

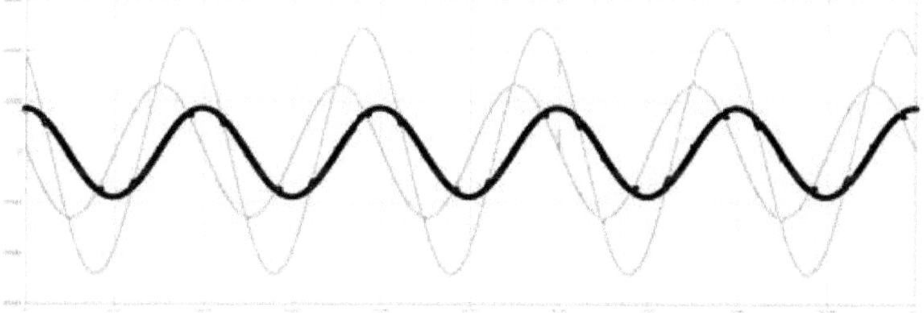

Figura 7.34 Tensão trifásica de carga desequilibrada com SAPF (fuzzy)

Análise FFT utilizando o controlador ANFIS

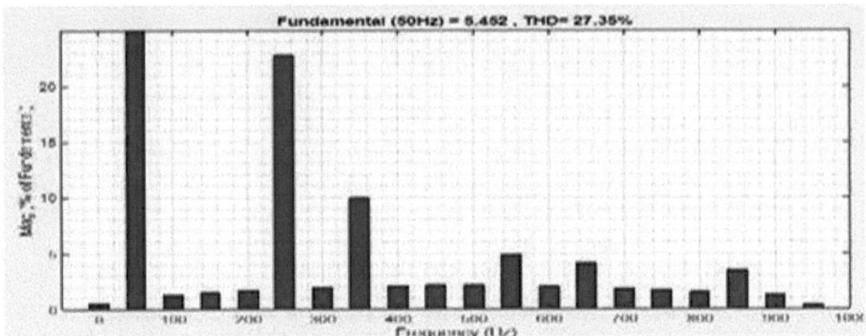

Figura 7.36 Análise FFT da corrente de uma fonte trifásica equilibrada sem SAPF (ANFIS)

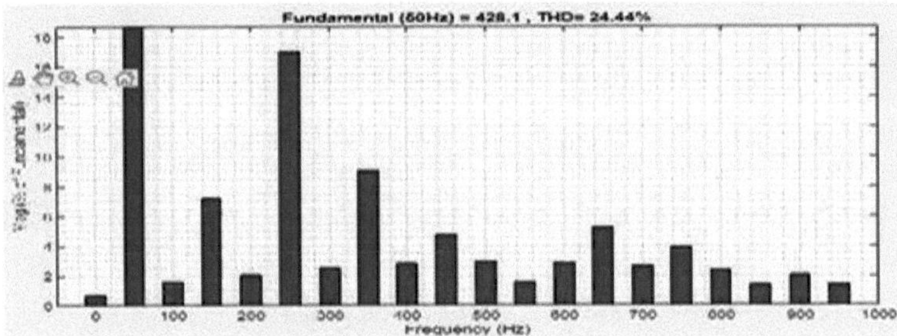

Figura 7.37 Análise FFT da corrente de uma fonte trifásica desequilibrada sem SAPF (ANFIS)

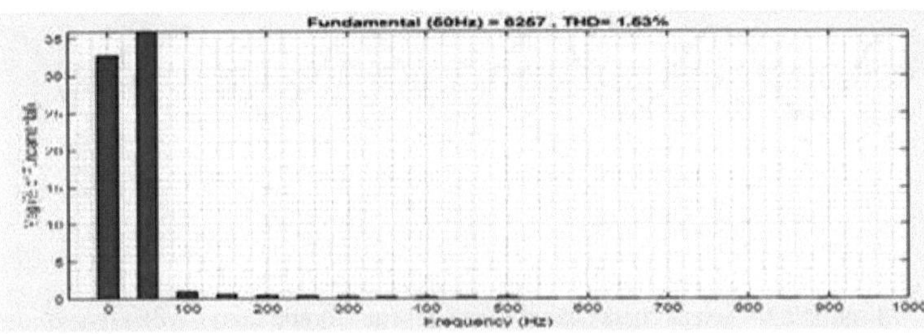

Figura 7.38 Análise FFT da corrente de fonte trifásica desequilibrada com SAPF (ANFIS)

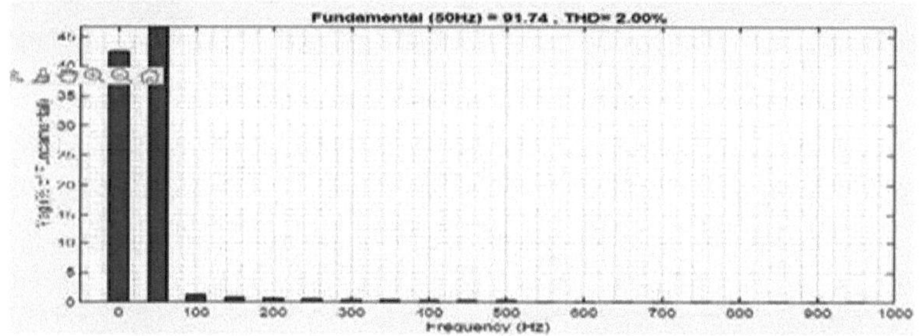

Figura 7.39 Análise FFT da corrente de fonte trifásica equilibrada com SAPF(ANFIS)

Análise FFT utilizando o controlador lógico Fuzzy

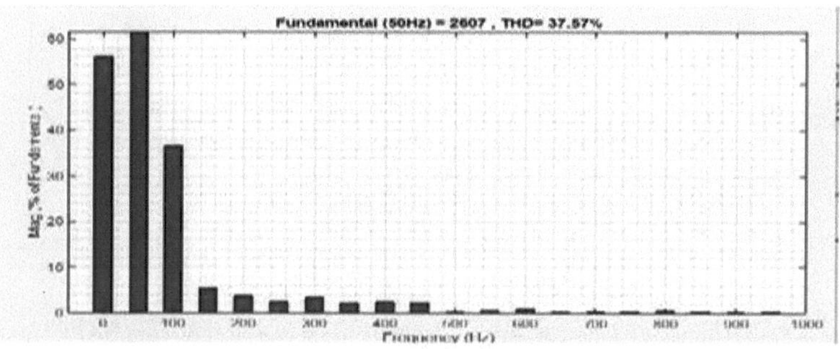

Figura 7.40 Análise FFT da corrente de uma fonte trifásica desequilibrada sem SAPF(fuzzy)

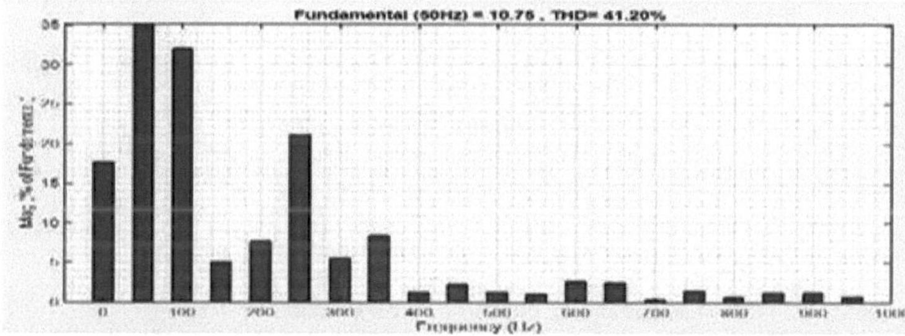

Figura 7.41 Análise FFT da corrente de uma fonte trifásica equilibrada sem SAPF (fuzzy)

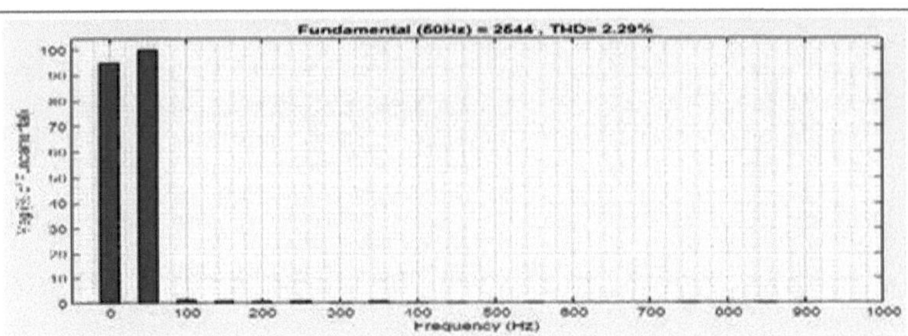

Figura 7.42 Análise FFT da corrente de uma fonte trifásica equilibrada com SAPF (fuzzy)

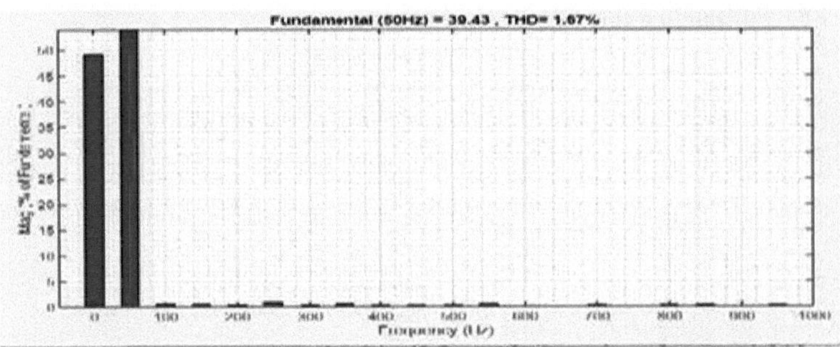

Figura 7.43 Análise FFT da corrente de fonte trifásica equilibrada com SAPF (fuzzy)

S.n.	Descrição da carga	%THD	
		SAPF	ANFIS
1	Sistema equilibrado não linear sem utilização de controlador	41.20	27.35
2	Sistema equilibrado não linear com utilização de controlador	2.29	2.00
3	Sistema equilibrado não linear sem utilização de controlador	37.57	24.44
4	Sistema equilibrado não linear com utilização de controlador	1.67	1.53

TABELA 2. Comparação do controlador de lógica difusa com o controlador ANFIS

CONCLUSÃO

Os estudos sobre a qualidade da energia têm por objetivo manter a corrente e a tensão dos sistemas de energia como sinusoidais puras com uma magnitude de 1 p.u. a uma frequência de 1 p.u. e uma mudança de fase de 120 graus entre as fases adjacentes num sistema de energia trifásico. A distorção harmónica é um dos problemas de qualidade da energia que está associado a cargas não lineares que não consomem correntes sinusoidais e causam a deterioração da qualidade da energia.

No projeto anterior, os aspectos de conceção de um filtro ativo de potência trifásico a três fios, baseado na teoria da potência reactiva instantânea e no algoritmo de controlo histerese-PI, foram simulados utilizando a plataforma MATLAB/Simulink. A eficácia do filtro na minimização dos harmónicos de corrente foi avaliada em condições de carga não linear equilibrada e desequilibrada.

Foi efectuada uma análise comparativa com outros algoritmos para medir o desempenho do sistema proposto em relação às outras técnicas em questão.

A análise da simulação permitiu tirar as seguintes conclusões:

- O filtro de potência ativo em derivação proposto foi capaz de repor a corrente distorcida da fonte na sua forma de onda sinusoidal original;
- As investigações indicam que o filtro proposto foi capaz de minimizar os harmónicos de corrente significativamente menos do que os limites da norma IEEE em ambas as condições;
- As análises espectrais FFT revelam que, empregando o SAPF proposto, as THDs foram reduzidas de 27,35% para 2,00% e de 24,44% para 1,53% para sistemas balanceados e desbalanceados, respetivamente;
- O filtro ativo de potência em derivação proposto pode mitigar eficazmente a corrente harmónica tanto em sistemas de potência equilibrados como desequilibrados. No entanto, o estudo comparativo enfatizou que o desempenho do sistema superou os outros estados da arte na literatura que são aplicados a condições equilibradas e desequilibradas. Este sistema pode

ser estabelecido e verificado experimentalmente através do desenvolvimento de um modelo protótipo e o algoritmo de controlo pode ser alargado para otimizar os parâmetros do controlador PI.

O sistema proposto foi simulado utilizando o software MATLAB e os resultados demonstram a corrente da fonte livre de harmónicos. Os controladores FUZZY e ANFIS são comparados para compensação de potência reativa, tensão do link dc e THD da corrente da fonte. A THD melhorou muito com a utilização do ANFIS, assegurando o bom funcionamento do filtro ativo de derivação, o que resulta numa melhor qualidade de energia.

ÂMBITO DE APLICAÇÃO FUTURA

- A deteção de falhas também é efectuada através do treino do ANFIS.
- Para medir o tempo de vida dos equipamentos através da análise de dados históricos.

Referências

1. Nikum, K.; Saxena, R.; Wagh A. Effect on power quality by large penetration of household non linear load (Efeito na qualidade da energia devido à grande penetração da carga não linear doméstica). In Proceedings of the 2016 IEEE 1st International Conference on Power Electronics, Intelligent Control and Energy Systems (ICPEICES), Delhi, Índia, 4-6 de julho de 2016.

2. Práticas e requisitos recomendados pelo IEEE para o controlo de harmónicas em sistemas de energia eléctrica. IEEE Std 519-1992 1993.

3. Hoon, Y.; Radzi, M.; Amran, M.; Hassan, M.K.; Mailah, N.F. Algoritmos de controlo do filtro ativo de potência em derivação para mitigação de harmónicos: Uma revisão. Energias 2017, 10, 2038.

4. Anzalchi, A.; Moghaddami, M.; Moghaddasi, A.; Sarwat, A.I.; Rathore, A.K. Uma nova topologia de filtro de potência de ordem superior para inversores monofásicos de fonte de tensão ligados à rede. IEEE Trans. Ind. Electron. 2016, 63, 7511-7522.

5. Srivastava, G.D.; Kulkarni, R.D. Conceção, simulação e análise do filtro de potência ativo Shunt utilizando a topologia de potência reactiva instantânea. In Proceedings of the 2017 International Conference on Nascent Technologies in Engineering (ICNTE), Navi Mumbai, Índia, 27-28 de janeiro de 2017.

6. Ali, I.; Sharma, V.; Kumar, P. Uma comparação de diferentes técnicas de controlo para filtros de potência activos para eliminação de harmónicas e melhoria da qualidade da energia. Em Actas da Conferência Internacional de 2017 sobre Energia, Comunicação, Análise de Dados e Computação Suave (ICECDS), Chennai, Índia, 1-2 de agosto de 2017

7. Sakthivel. A.; Vijayakumar.P.; Senthilkumar. A.; Lakshminarasimman, L.Paramasivam, S. Investigações experimentais sobre o algoritmo de controlo PI optimizado por colónias de formigas para o filtro de potência ativo em derivação para melhorar a qualidade da energia. Controlo Eng. Pract. 2015, 42, 153-169.

8. Wada, K.; Fujita, H.; Akagi, H. Considerações sobre um filtro ativo shunt baseado na deteção de tensão para instalação num alimentador de distribuição longo. IEEE Trans. Ind. Appl. 2002, 38, 1123-1130.

9. Akagi, H.; Kanazawa, Y.; Fujita, K.; Nabae, A. Teoria generalizada da potência reactiva instantânea e sua aplicação.

10. Nikum, K.; Saxena, R.; Wagh, A. Effect on power quality by large penetration of household non-linear load (Efeito na qualidade da energia devido à grande penetração da carga não linear doméstica). In Proceedings of the 2016 IEEE 1st International Conference on Power Electronics, Intellig-ent Control and Energy Systems.

Printed by Books on Demand GmbH, Norderstedt / Germany